キタリス・ウーと森のお医者（いしゃ）さん

竹田津実 文・写真
瀬川尚志 絵

PHP研究所

森のお医者さん、竹田津先生の診療所

生まれて間もない
ころ連れてこられた
キタリスのウー

退院後（たいいんご）、先生と
散歩（さんぽ）に行こうと、
先生が出てくるのを
待（ま）っているウー

待ちくたびれたのか、ふて寝のような姿勢に

散歩の途中にあるうら山の休憩所で、ひと休み

先生の家(いえ)のベランダにある雨の日用の給餌台(きゅうじだい)はウーのお気に入り

まるでお茶(ちゃ)のさいそくをしているよう

カメラに興味津々、
つぶらなひとみで
のぞきこむ

自然に帰ったウーは、人のこわさもちょっと覚えて、敵や、時に仲間とあらそいながらたくましく生きているだろう

もくじ

装幀／一瀬錠二（Art of NOISE）
組版／有限会社エヴリ・シンク　　編集協力／田口 純子

プロローグ　わたしの日課

今朝は少し寒い。

霜がおりたのだろうかと、ぼんやり寝床の中で考えていました。窓から見える空はまっ青です。

「うむ、そろそろ起きなくては」と、読みかけの本を閉じました。

その時、「むかえに来てますよ」と妻の声。

顔を洗う水の音に気づいたのか、洗面所の窓からわたしをのぞきこむそれが、目の前の鏡にうつって見えました。両手を窓わくに置き、耳をピンと立てて、急げ急げとしっぽを左右にふっています。
「はいはい、わかりました」と、わたしはつぶやきます。
朝の日課です。そう、わたしの日課が始まるのです。

洗顔が終わり、タオルで顔をふき始めると、相手はこれでひとつの仕事が終わったと、パキパキ足音を立てて壁づたいにベランダのほうへ向かいました。そして、今度は居間からベランダへぬけるガラス戸の前に立ちます。後ろあしで立って待つのです。

それはまるで、「おそい!!　なにやってんだ」といわぬばかりの態度です。

わかった、わかったと、わたしはバッグを肩にかけ、カメラを手に持ちます。それを見て、相手はもう林の斜面をかけあがろうとしていました。

オスのキタリスで、わたしの友です。

1 見て見ぬふりができない人たち

物語はいつも小さな出来事から始まります。

4月のある夕方、国有林の管理などを行っている営林署につとめる友人がやってきました。

「助けてやってくれないか」と、手に持ったヘルメットを目の前につき出したのです。

のぞくと黒い毛糸の玉が見えます。彼は、それをそっとかき分けて中味を見せました。

細い生毛におおわれた生き物がモゾモゾと動いています。冷たい外の空気にふれて、寒いと体がいっているのです。

友人は、ヘルメットをつき出しながら、「リスの子だと思う」といい、そして「気がつかなかった」という言葉をつけ加えました。続けてまた、「助けてやってくれ」といったのです。

わたしと友人との言葉のやりとりを聞いて、妻はもう用意を始めていました。ダンボール、湯タンポ、使い古しのタオル、そして哺乳ビンに動物用ミルクをです。当たり前のような顔で用意する妻を見ると、わたしもしかたないなあというような気分になります。

わたしは老人の獣医師です。

北海道東部の小さな町の家畜診療所に長くつとめたあと退職し、山の中の小さな家に引っこしてきました。天気がよければうら山を散歩したり、テレビを見たり、本を読んだりの生活です。気が向けば時々写真も撮ります。

友人たちから見れば、きっと退屈な生活に見えるのでしょう。

退屈しのぎには少しめんどうなものがいいと考えたのかもしれません。リスの子どもを持ちこんだ友人も、退屈しのぎにこんなものはどうでしょうと持ってきたように思えました。

子リスはキタリスで、北海道に生息する樹上性（木の上で生活する）のリスです。本州や四国・九州にいるホンドリスの仲間です。

キタリスは、野生の動物です。野生の動物は勝手に助けたりしてはいけません。助けると法律違反になるのです。

道ばたで翼をバタバタさせるだけで飛べない鳥を見ると、心やさしい子どもたちは思わずかけよります。助けなければと手をさしのべると、もうそれはまちがいなく違反行為です、といわれてしまいます。

法律では、自然とはそういうことがあっても仕方がありません、放っておきなさい、見て見ぬふりをしなさいといっているのです。

ところが見て見ぬふりのできない人たちがいます。多くは、子どもたちや老人とよばれる人たちです。

思わずなんとかしようと、飛べない鳥をだきかかえ、ダンボールに入れ、「さてどうしよう」と考えます。

町役場に持っていこうという人は少なく、ほとんどが動物のお医者さんのところへとなるのです。

町役場に持っていったとしても、職員は考えに考えた末、やっぱり獣医さんのところへ持っていきましょうといい、獣医師だと、これは行政の仕事なのだから役場へ持っていきなさいと指導することになります。これでは両方ともこまったことになります。

それがいつのころからか、そうした動物のめんどうを見るのが、わたしの役目になったような気がします。

それには、あるきっかけがありました。


ずっと昔、飛べないトビを持ってきた兄弟がいました。小学生でした。

そのトビは翼をささえる大切な骨の一部がありませんでした。

そのために、わたしには安楽死しか選択はなかったのです。安楽死とは、麻酔薬を多く投与して苦しまないで死なせる、獣医師の持つひとつの技術です。

そのことを告げられた兄弟は力いっぱい泣きました。

「子どもを泣かせてはいけません」といったのは妻でした。わたしは本当にこまってしまいました。

そこで苦しまぎれに、できるだけのことはしましょうと答えてしまったのです。本心は、兄弟が帰ったあとに安楽死をさせればいいのだと勝手に考えていたのです。

ところがそうはなりませんでした。

帰る時になって、兄弟は毎日トビに会いにくるというのです。もし兄弟が来た時に死んでいたら、安楽死をさせたと考えるかもしれません。元々、そんな気持ちがわたしにはあったのですから、兄弟に本心を見られたような気持ちになり、こまりました。そこで、「がんばってみましょう」などという言葉がつい口から出て、飛べないトビはわが家の野生動物患者第一号になったのです。

結局6か月、そのトビの命をみることとなりました。兄弟はほとんど毎日やってきて、最後は泣いて別れていったのです。

これがきっかけで、あの人に頼めば……と周囲の人が考えるようになったようです。

知らん顔のできないこまった人だと町役場の人もつぶやいていくのですが、見て見ぬふりをしたり、安楽死をしてくださいといったりすることができません。本当は、みんな心やさしい人たちなのです。

2 キタリスの子、ウーの入院

生まれて間もないキタリスの子どもを連れてやってきた友人も、そんなやさしい人たちのひとりでした。
彼は国有林の木を切りたおす現場にいました。たおした木の枝に、リスの丸い巣があったのです。でも、切りたおしたためにバラバラになった木の枝の整理の時、目の前にソフトボールくらいの大きさの苔のかたまりを見つけ、中をのぞいて初めて、その木に生き物の巣があったことを知ったのでした。

巣の中には4ひきいたのですが、2ひきはすでに死んでいたといいます。

こういう場合はふつう、そのままにしていれば、やがて親がさがしにきて連れていくことを彼は知っていました。

でも、その日は周囲の木々をほとんど切ることになっていたので、親が帰ってくるとは考えられなかったと話します。一日中木を切るチェーンソーの音があたりに鳴りひびくからです。

そこで、昼休みを利用してわたしのところへやってきたのでした。でも、友人のやさしさもすべてがうまくいったわけではありません。2ひきのうち1ぴきは、わが家についた時、すでに死んでいました。

キタリスの子は、体重40グラムで、生後10日ほどたっていました。

まずミルクを飲ませ、体をあたためるためにバスタオルでくるんだ湯タンポ

の上へのせ、体をあちこちいじくります。身体検査です。これは患者のためというより、わたしの家の家族のためといったほうがいいでしょう。リスは、ノミやダニ、特にノミが多く寄生しているので、世話をする妻や遊びにやってくる孫たちにうつり、勝手に献血を要求して血をすってしまうからです。

ノミにさされたあとはかゆくなり、そのかゆさは何日も続きます。そのため、あまり多くいれば、殺虫剤をうすくとかしたお湯の中につけてへらさないと入院させるわけにはいきません。

検査のすべてが終わるのに1時間はかかります。

晴れてキタリスの子は入院患者とみとめられ、安心して友人は帰っていきました。

入院室は、カメラの入っていた箱で、ふつうわたしのつくえの上に置きます。片すみにいつもタオルでくるんだ小さなペットボトルが置いてあります。湯を入れて、患者が寒いと感じるともぐりこめるようにしています。

母親の代わりです。

ゴム製の乳首にも抵抗なくすいつき、授乳がうまくいってわたしたち夫婦にとって心配ごとはほとんどなくなりました。

あとは予定通り退院の日を待つだけです。

10日もすると勝手に箱から出て、小さなわが家のすみからすみまで探検し、のびる歯がかゆいといってあちこちをかみ、勝手にわたしの寝床を占領するなどのことは、この種の患者として日常のことと覚悟しています。

そんなことより、一日も早く退院してもらうことです。そうでないとこまります。

わたしが本物の犯罪者となるからです。役場の人も、今は短期間に限定しますといって黙認してくれているだけですから、患者の勝手でもう少しここにいたいなどのわがままは、こまるのです。

子リスはウーと名づけられました。

本当は、わが家ではなるべく患者に名をつけないことにしています。自然に帰す時になって名があると、妙に思い入れが頭をもたげ、退院が2日、3日とおくれることがあるからです。患者にとってそれがいいことなのか、いつも問題になりました。

そこでカルテの番号をそのまま名にしたこともあります。8バンさんとか19バンさんとかよぶのですが、このよび名は、妻や時々やってくる孫たちにはあまり人気が出ませんでした。

ウーというのは子リスがふきげんな時に発する声から名づけられました。たいてい、治療をする時に発します。「いやだ」「いやです」という意味だと思うのですが、わたしたちは患者のためと思ってすることです。それをウーとうなって抵抗するとは、なにごとかとそれを逆に名にしたのです。考えてみればひどい先生ということになります。

わたしの小さな家は林の中にあります。外はウーの親たちの住んでいた森とそんなには変わりません。

天気のいい日は、ベランダへ連れ出して、できるだけ外を見せます。

ベランダは一日中木かげにおおわれていて、テーブルの上にもいつも木の葉がゆれています。

ウーは最初、その木の葉のかげにおびえて、ウーウーといいながらわたしの上着のかげにかくれていました。

でも30分もすると、少しずつ少しずつテーブルの上の木の間にかくれるようにしてあたりを見ています。少し風がふくとかげが大きくゆれます。するとウーとうなりながら、またわたしの上着の下にもぐりこんできます。

そんな日が何日も続きます。

木の葉のかげの中を少し大きな鳥、カラス、カケス、アカゲラなどが飛ぶと、これは大さわぎになり、上着の下ではなく、下着の中までもぐりこんできます。

天敵に近いものに対しては、教育されるものではなく遺伝子の中に組みこまれたものがあるらしく、これはわたしたちを安心させました。

自然に帰ったら、自分のことは自分でしてもらわなくてはいけません。

ウーの行動の範囲が毎日広くなって、時には遊びに夢中になり、よばないとわたしのところへ帰ってこない日も多くなりました。

3　ウーの退院準備と自然への旅立ち

5月に入ったある日、入院室を変えました。退院用入院室という妙な名の入れもので、森の中に設置する巣箱です。

寝心地がいいようにと、巣材も少し多めに入れました。最初は気に入らないらしく、ウーウーとくり返していましたが、今まで使っていた入院室がどこをさがしてもなかったので仕方なく使ったといった感じでした。でも、2日目から昼寝もそこでするようになりました。

4日もすると巣箱がないと落ちつかない様子です。

その日は風もなくあたたかい日でした。

多くの野生動物は耳でほとんどの情報を手に入れます。なかには耳より鼻という動物もいますが、哺乳類はほとんどが視力に自信を持っていないといってもいいと思います。その点、鳥類とちがいます。

ですから風のない日が大好きです。風によって起きるいろんな雑音が少なくなると、その分いろんなことを正確に知ることができるからです。

あたたかいということも、未熟な若者の旅立ちには大事なことです。

その日の朝、ウーが退院用入院室にいることを確認して、わたしは巣箱の入り口をタオルでふさぎました。気づいたウーが、おこって中であばれているのがわかります。

ウーウーウッウッとがなりたてています。

そのまま、ベランダのわたしがいつも腰かけるいすから歩いて3分くらいのところにあるカラマツの木の、地上から4メートルくらいのところにくくりつけました。

そのカラマツには、地面から50センチくらいの高さにまでビニールがまきつけてあります。わたしは「ハラマキ」といっていますが、ヘビが登れないようにしてあるのです。ヘビは時々巣箱をのぞいて、時には食べようとするからです。食べられたという報告もあります。

30分くらいそのままにしたあと、そっとタオルをはずしました。すねたのか、すぐには出てきません。入り口のところから顔を出し、あちこちをながめては、また奥へ消えたりしていました。

それでも外の景色の誘惑には負けます。木もれ日がゆれて、きっと部屋の中が明るくなったり暗くなったりするのに反応したのでしょう。

ヒョイと入り口から顔を出したと思ったら、そのまま木をかけのぼって葉のかげに見えなくなり、わたしを心配させました。

でも20分くらいかけて、ゆっくりゆっくり下りてきて、また巣箱へもどって入ったのです。

そのあとは、カラマツの若葉や近くにのびたヤマブドウの葉を自分で勝手に食べていましたから心配ありません。わたしはそのまま自分の部屋にもどりました。

ウーの自然への旅立ちが終わりました。

あとは自分で自分のことをやってもらわなくてはこまります。そうやれるように親は一番いい季節に子どもたちを生んだのですから。

この時期はあたたかく、周辺に食べ物はいくらでもあります。まるで食堂の中にいるようだとわたしが思うほどです。トウヒの新芽、カラマツの若葉、ヤマブドウ、ツルアジサイなどいくらでもあります。そして住宅として用意した巣箱は強固なお城です。リスの天敵であるクロテンのことをのぞくとまず心配はないと思っています。この時期、そのクロテンも繁殖地の高地へ移住していて、今は留守です。

しかも、多少の食べ物は、わたしがこっそり用意しています。

ベランダのそばにある給餌台です。食べ物を置く台で、退院していった患者が、もし自然の中でこまったことがあった時、そこに帰ればまずは食べ物があるように用意したものです。

ウーには、秋までに教えなくてはならないことが、まだ少し残っています。そのために必要な施設だといえます。

4 ウーの家庭教師募集

わたしは天気さえよければ2時間あまり、ベランダで本を読んだり、うら山に散歩に出かけたりします。

特に春は、生き物たちが子育てのために大いそがしで働いています。それを見るのが楽しみで、時には天気に関係なく、雨の日でも出かけることがあります。

その足音を聞きつけて、わたしと一緒に散歩する生き物が出てきます。

ほとんどが退院間もない患者です。相手がタヌキの年がありました。エゾシカの子、バンビを連れた年もありました。この年はウーでした。
ウーには教えなくてはならないことがあります。主食のオニグルミの割り方です。
初めてオニグルミを見たウーは見向きもしませんでした。幼いために、歯が十分成長していなくて割ることができないのだと考えました。

自然の中では毎年、オニグルミがなるのは秋の初めです。夏の間、大人のリスは、どこかにかくしていたものをほり出して食べます。給餌台から運んだものかもしれません。

それを近くでじっと見ていた子リスが、中の実を食べてポイと投げた殻を拾って、自分でなめたり、残っているかどうかわからないくらいのクルミの実をほじくり出したりしているのをよく見かけます。

どこに行けばどんなものがあるのかは、親リスの足あとをつけて、たどり着くのがふつうです。リスの足の指の間から出る、わずかな分泌物の中にふくまれるかおりが歩いたあとにつきます。子リスたちはそれをたどって、親リスが通う場所を知るのです。

場所だけでなく、食べたもの、かじったもの、かいだもの、みんなみんな知るのです。

ベランダにやってくる野生の子リスを調べてみると、親リスの通った道……トウヒの倒木、ツルアジサイを伝わり、少しジャンプして、シイタケを栽培するホダ木の上を通り、少し地上を通って、テラスにやってくることがわかりました。

親リスの指間から出るわずかなにおいに案内されてくるのです。

キタリスの家族の生活をのぞくと、お父さんがいないことがすぐわかります。キタリスだけでなく、多くの哺乳類の子育てはお母さんの仕事で、父親はまったく関係しません。知らん顔というより、家族の形がヒトの家族の形とまったくちがいます。むしろヒトのように父親が家庭にいて、子育てに参加するのはめずらしい形で、日本ではヒト以外ではキツネ、タヌキだけです。哺乳類では、お父さんがいてお母さんがいる、そして子どもたちの声がするという形の家庭というのは大変めずらしいことなのです。

キタリスの子は、食べられるもの、食べられないもの、安全な通り道、危ない場所など、すべてお母さんから学んでいるということになります。

お母さんのする通りに子リスもするのです。まねることで生き方を学んでいるといっていいでしょう。子リスにとってまねることは学ぶことです。子ども時代は親のまねをするというのが一番大切なことなのです。

ところがウーの場合、問題がありました。

わたしも妻もリスではありません。
木にも登れません。クルミをかじることもできません。ヤマブドウ、ハルニレ、トウヒの葉や芽を食べたいと思ったこともありませんし、当然食べません。枝から枝へのジャンプもできません。第一に、わたしたちヒトはそんなことをせずに生きることができます。

それではこまるとウーはいいませんが、自然の中で生活できるように育てるというのは、わたしたち夫婦の義務です。ウーをあずかった時から、それを目標に育ててきたつもりです。

ところがウーにとって、ウーが生きていく自然の中で必要な技術を持っていないわたしたち夫婦は、とてもこまった親です。

わたしたちのまねをしても、それはまったく役に立ちません。そこで考えたのが、外から家庭教師をよぶという作戦です。バイト代も少し出そうと考えました。

前にもいったように、わたしの庭には退院していった患者がこまらないようにと給餌台があります。いろんな種類のえさを、必要と思った時に置けるようにしています。

毎朝、わたしがそれを担当します。元患者の動きを見ようというのがその理由ですが、ほとんどわたしの気分で、今朝は少し多めに、今日はまったくなしと平気で決めています。

えさを用意するのはふつう、食べ物が少なくなる冬から春までが中心ですが、あたたかくなるまで退院をのばしていた患者がいると、5月まで続くこともありました。

そこでこの年は、6月上旬まで給餌期間をのばすことにしました。バイト生を募集しようとしていたからです。この年の募集のバイト生はもちろんキタリスです。

退院用入院室などという妙な名のウーの住宅から、ベランダのわたし用のテーブルまでは歩いて3分、走ると30秒かかりません。

その中間に給餌台はあるので、ウーからいえばおとなりです。

そこにウーの仲間、キタリスが食事にやってきます。ウーはその様子を住宅の入り口からいつもながめることができます。

一緒に給餌台に上がることもできました。争いはありません。成獣すなわち、一人前の大人のリスだと、決して同時に給餌台に上がることはありません。決まってあとから上がろうとした者、気の弱い者が追いはらわれてしまいます。

ところが弱いはずの子リスは、どの成獣からも追われることもなく一緒に食事ができます。むしろ、成獣がその場所をゆずるような行動をとることがあります。

幼い弱いという何か信号が出ているのだと思います。においなのか、仕草なのか、はたまた声なのかわかりませんが、これは毎年自然の中で見られる風景です。それが自分の子どもでなくても、自然に出てくる行動です。弱い子ども時代はみんなで助けようという約束ごとがこの種にはあるのかもしれません。

食べ物の横取りすら見て見ぬふりをする成獣までいます。リスたちの中におきてというのがあるとするとそれかもしれません。「弱い者をいじめるやつは品がない」なんていうキタリス社会の文化みたいなものがまちがいなくあると知りました。

弱い者は大切にというわけです。

ところが、これが弱い者といわれる子リス同士の間ではうまく働きません。すぐに小さなケンカが起き、それがどんどん大きくなって、大ゲンカに発展します。

集まった子リスの中にすぐに順位ができて、弱い者は常に仲間が腹いっぱい食べるのを近くでじっと待つということがよく観察されます。

ウーは常に仲間はずれにあいました。無理はありません。兄弟がいなくて常にひとりであったからです。

ある時、顔にきずをつけたウーを見たことがあります。これではバイト代をはらってまで集まってきてもらった意味がないとわたしは不満でした。

でもウーはそのきずにもめげずに、はなれずいつもみんなの行動を近くで見ていました。

時々、近くでカラスが鳴くと、キッキッと小さな警戒の声を上げました。それに反応して、そばにいた2ひきの子リスが葉のかげににげこんでいます。仲間に少しずつ役に立つことができるようになっていました。

ひとりでいると、目も耳もそれぞれ二つしかありませんが、2ひき、3びきと子どもたちだけでも集まれば、目や耳の数が2倍、3倍とふえていきます。その分、カラスやタカ、イタチの仲間のイイズナなどの足音や姿を発見するチャンスがふえます。

おたがいにキッキッと警戒の声を上げたり、枝のしげみや葉のかげににげこんで、相手に危険がせまったことを知らせます。

ひとりで育ったウーにとっては仲間が近くにいることはとても大切なことです。

わたしはベランダのいすに腰をおろし、時々さわいでいる子リスたちをながめていると、ここが学校のように見えてきました。

集まってくる子リスには兄弟がいますが、まったくちがう親を持つ兄弟もいます。なかにはウーみたいにひとりでやってくる子もいます。

それがみんな少しずつ、ゆずり合うことを覚えて生きているのがよく見えます。

観察していて気づいたのですが、不思議に子リスがやってくる時間には親リスの姿がありません。なにか時間をおたがいに決めてくるのだと考えていたら、親リスが20メートルくらいはなれたトウヒの枝にいました。半分眠っています。しかし耳をよくあちこちに向けて動かしているので、子リスたちの遊びの様子を見ているのかもしれません。

ある時、ベランダから見えるシイタケのホダ木の山で遊んでいた2ひきの子リスが突然、ホダ木の間に消えました。見えなくなってしまったのです。

しんとした林の中をゆっくりと、低く太い声が流れているのに気づきました。

ウォー、ウォー。

九州で幼いころ聞いたウシガエルの声を小さくしたような声です。

ウォーウォー。

テーブルの上の双眼鏡をゆっくり手にとって、のぞいてみました。声のする方向です。

いました。10メートルくらいはなれたカラマツの枝に声の主がいたのです。

親のキタリスです。

シイタケのホダ木の山に向かって鳴いています。鳴くというよりほえているといったほうが正確です。

頭をキッと上に向け、前あしをのばし胸をはる。そして、口を大きく開け、ほおを丸くふくらませて、出そうとする声を一度口の中にためて、そのあとふき出すといった姿勢です。

ウォォォ。ウォォォーといった声です。

時々前あしをずらしてほえています。そのたびに、声のとどく方向が少しずつずれていっていることがわかります。

この声を聞いたキタリスの子はすべて近くの葉のかげ、枝の重なったしげみ、倒木のかげにかくれてじっとしています。

こおりつくといった表現がぴったりです。

危ないヨー、用心しようぜ、といっていたのです。

気になる時に発する、前あしの爪を幹にたたきつけて出すカッカッという危険信号やキッキッという声とはちがい、これは声のとどく広い範囲の仲間に知らせる警報みたいなものでしょう。１００メートルくらいはなれたところにいるキタリスも反応していました。わたしたち人間ではとても聞きとることのできないはなれた距離です。野生の生き物たちは、人間にくらべて耳がとてもよく、小さな声も聞きとることができると読んだことがあります。

これはキタリスの警報ですが、タヌキやキツネ、クロテンやイイズナ、はては小さなエゾヤチネズミやヒメネズミにもこの手のものはあって、林や森の中にいつも彼らの警報が流れているのかもしれません。そう思うと、静かだと考えた森の中も人間の住む町中と同じで案外さわがしいところかもしれないと想像してしまいます。

5　クルミの食べ方指導

　7月になって、子リスたちもずいぶん大きくなったある日、わたしはウーが地上4メートルくらいのところにはり出した枝の上で、口を丸くふくらませてウォォォォ、ウォォォォとほえているのを見ました。

　すぐそばを通るわたしのことではなく、先ほどわたしを追いこしていったエゾタヌキに対して、「みなさーん、気をつけましょうネ」といっているのだと思います。

　ウーも一人前に森に住むキタリスの一員として働き始めていました。

最初はきっとまねをしたのだと思います。

親リスが何かに気づいて警報を出し、それを見たウーみたいな子リスが、自分もやりたいと考えるのだと思います。

大人のすることにあこがれ、何でもカッコイイとまねてみたくなった子どものころと同じで、ウーも遠ぼえする親リスを「カッコイイ」と思ったにちがいありません。

このように、野生動物の場合、子どもは大人のまねをして大きくなることを、わたしはたくさん観察してきました。

しかし、くり返しになりますが、わたしは人間です。ウーにリスについての生き方を教えることはできません。ウーがわたしをまねて大きくなっても何の役にも立ちません。

　その点、えさにさそわれて給餌台にやってきた親リスたちは当然のこと、子リスさえも、家庭教師としていい仕事をしてくれたと思っています。えさ代はわたしにとっては安いバイト代だと思っています。

集まってくる家庭教師にもうひとつの仕事を頼むことにしました。

クルミの食べ方です。正確にはあのかたいクルミの実の部分、堅果とよびますが、字のとおり、とてもかたい殻におおわれています。

わたしたちが割る場合は、重いハンマーが必要です。

リスの場合は、クルミを両手で持って、中央にある二枚の殻が接合する部分に、あのするどい歯をあてて、両手で回しながらけずって二つに割り、中の実を食べるという食べ方です。

　ふつうは物心がついてから来る患者が多いですから心配ありません。多少入院期間が長くても、自分の好物の食べ方をわすれる者はだれもいません。

でもウーのように、子どもの時、まして目もあいていないような時に運びこまれた患者は、クルミの割り方自体を知りません。

ですから、教えてもらわなくてはなりません。

しかし、それをわたしがウーに教えようとして、「こうしなさい」「ああするんですよ」といっても言葉が通じません。

ならばまねてもらおうと思い、クルミのかたい実を持って、はたと考えこみます。

わたしはクルミを歯で割ることなど、とてもできる生き物ではありません。

第一にあの細くてするどい歯、それも上下につき出るような形で歯を持っていません。無理をしてやってみせても、いたくて最後は自分の歯をいためるくらいがやっとです。

教えることなどまったく不可能です。

それでも将来の主食です。食べてもらわないと自然の中では生きていけません。

そこでと、重いハンマーを持ち出し、割ってあたえていました。

でも、割れたクルミの実などは自然の中にはありません。おいしいと味がわかってきたようなので、割らずにやれば自分で割るのではないかと考えましたが、これはうまくいきません。

両手で持ってクルクルと回しているのですが、歯をたてようとはしません。くわえて、あちこちと自分の気に入った場所にうめることはすぐにやりました。

しばらく観察するのですが、ほり出してはいますが、またうめ直すだけで食べるのを見たことがありません。

ハンマーで、なんとか歯が入りそうなきずを少しつけてあたえると、それは30分以上かけてなんとか中のうまい実を食べられますが、そのきずのつき具合

で、まったく食べることができない実もありました。きずのついた実も、割れた実と同じように自然の中ではありません。どこにもないのです。

こればかりはこまりました。

そこでと考えました。

給餌台には、手に入りやすいヒマワリの実やカボチャの種子が中心でしたが、ある朝からクルミの実に変えました。

このクルミは、前の年の秋の日、友人の鬼塚幹雄さんがたくさん持ってきてくれました。鬼塚さんは、わたしの獣医師としての小さな作業の理解者であり、応援者でもあります。休みの日に山に出かけて集めてくれるのです。その量はおどろくほどで、それを毎年、雪が深くなってリスたちがこまるだろうと気になり始めるころ、時々わたしが場所を決めて自然の中に返すようにしているのです。特にリスの退院者がある年は、わたしよりも妻が気にして、なくなれば必ず置くと決めています。

そのクルミを使って、家庭教師を募集することにしました。給餌台のそばにポスターをはりたい気持ちでした。それにはこう書きたい。募集!! 子どもの前でクルミを正しく食べてくれるリス。数、2、3びき。謝礼としてこまった時に来れば、給餌台にごちそうを置いておきます……と。

クルミは庭にやってくるリスたちにとっては大好物です。毎日給餌台に置く時間を彼らはすぐに覚えます。

その日も集まって、われ先にと大さわぎになりました。それを近くの枝で、ウーがじっと見ています。

そのうち、親リスがあちこちにクルミをかくすのを見て、子リスたちはすぐに自分でもその作業に熱中します。まねをしてクルミをかくすのです。枝の上からポリポリ、ガリガリの音がします。かたいクルミの外皮をかじる音です。1個を割るのに3分くらいはかかります。でも早い者は1分くらいでもう割って中を食べています。

わたしたちは彼らをベテランとよんでいます。

7月のある朝、その日はクルミの給餌を始めてから一週間がたっていました。

わたしは、風がほとんどなかったので、ベランダに本をつんで今日は読書日と決めていました。あたり一面が緑で、時々ふくやわらかい風に新芽があいさつ代わりに出すかおりを運んできます。エゾハルゼミの声が聞こえます。もうそんな季節になったのだとボンヤリ考えていたら、ポリポリ、チリチリと小さな声というより音が聞こえます。

遠いようであり、近いようでもあります。

春の気配を運んでくるやわらかな風で、音の方角が変化しているのでした。

わたしは読んでいる本のほうが面白かったので、音の出る場所をさがすのをすぐにあきらめました。

ずいぶんたったような時間なのに、まだ時々、ポリポリ、チリチリが聞こえます。それが、クルミをかじる音だと気づいて、わたしは本気で音の出ている場所をさがす気になりました。あまりにも長いのできっと未熟な若者だと思ったからです。

ゆっくり立ちあがり、双眼鏡を手にしました。

7メートルくらいはなれたカラマツの木の、地上から4メートルくらいの枝の上で、若者が熱心にかじっていました。

カリカリ、チリチリの音の合間に、黄色い花粉のような粉がゆっくり風に乗って流れています。

かじられた外皮です。

でもウーではありません。この春生まれの若者でした。その日は2ひきの若者がクルミをかじっているのを見ました。


次の日のことです。

やはり風がなく、外でのんびりする日です。

ベランダに今日も推理小説を3冊持ち出し、コーヒーをポットに入れて読書日と決めました。

10時すぎ、エゾハルゼミの声がして、目の前のバッコヤナギにかけてある巣箱から、ヒガラのヒナが2羽、親鳥の帰りを待ちかねて顔を出しています。

給餌台に1ぴきの子リスがやってきて、クルミをひとつくわえ、ミズナラの枝の上にかけ上りました。

そしてポリポリ、コリコリと外皮をけずる音を立て始めました。

その音にさそわれるように2ひきの子リスがやってきて、それぞれ1個ずつくわえていき、カラマツの幹にからみついたツルアジサイの中に半分身をかくし、ポリポリ、カリカリと外皮をけずり始めています。まるで教室で一緒に講義をうけた生徒がみんなで復習をやっているようなのです。

今までは両手にかかえ少しずつ回しながら遊ぶだけだったクルミ割りが、ある日、それも突然どの子リスもできるようになるのですから不思議です。

その日の午後、ミズナラの枝でポリポリ、カリカリをやっているウーの姿を見ました。

ウーがこの数日間、ポリポリをやる他の子リスのそばに近づき、その様子をのぞきこみ、割り始めたクルミにそっと手を出して、おこられているのを何度

も見ました。そして自分でもクルミを給餌台から持って、枝の上で20分間も回したり、なめたりして最後はポトンと落としているのも見ました。ある時はクルミ割りに成功した他の子リスの食べて捨てたクルミの殻を木の枝までくわえて上がり、もうなにもない殻なのになめたり、かじったりしていたのも見ました。

なんとか自分も食べたいと考えていることはわかっています。見学したり自習を始めたりしているようです。

それでもうまくいかず、あきらめてポトリと落とすのを見ると、少しかわいそうになって、ハンマーできずをつけたクルミを給餌台に置くこともありました。しかし、親リスや、他の子リスに先に取られることのほうが多く、次第にわたしがベランダのそばでハンマーをふり上げているのを見ると、すぐに食べられるクルミが給餌台に置かれるというのをだれかが気づいたらしく、ハンマーの音を聞きつけて集まってくる親リスもいるほどでした。

ところがこの日のウーは、両手でしっかりクルミを持って中央に歯をたてています。

見学や、自習の効果が出てきているのかもしれません。

わたしは小さな声で「ガンバレ、ガンバレ」と声援を送っていました。

残念なことですが、その時も30分以上がんばったのにうまくいきませんでした。

つかれはてたのか、ポトンと下に落とし、その場でねむり始めました。わたしは起こさないようにそっと双眼鏡を置いて、わたしもねむったふりをすることにしました。

日射しがあたたかく、いつの間にか本当にねむっていました。

目を覚ますとウーの姿もなく、あとでウーの奮闘ぶりを調べようと考えて、落としたクルミの実をさがしたのに、とうとう見つかりませんでした。

次の次の日のことです。

カラマツの枝の上でウーがクルミをかじっています。両手でしっかりかかえたクルミを手前にクルクル回しながら歯をたてています。けずった外皮のくずが風にまっています。花粉のようにです。

この日、ウーがわたしの目の前で初めてクルミを自分で割って食べた日になりました。わたしは集まったボランティアの家庭教師たちにと、お礼のクルミをどっさりと給餌台にのせたのでした。

6 キタリスのプロポーズ

緑が一段と濃くなっていました。

7月のある日、寝室の壁をパリパリと足音をたてて走り回る音で目が覚めました。

キタリスたちです。足音から3びき以上が徒競走をやっているようです。その中に、今年最後の結婚式をむかえるメスのキタリスがいるのを見つけました。

季節から考えるときっと、このメスのキタリスは2回目の育児に失敗したのだと思います。

1回目の交尾は3月ごろで、出産は30日後です。ふつうだとこの時期、2回目の育児をしているくらいです。巣には外に出たがる子リスがいるはずで、お母さんはお乳をあたえるのに忙しいはずです。お乳を飲ませている間は発情をむかえません。この親は、きっとオオタカかカラスにおそわれて、子どもをみんな殺されたかしたのでしょう。

まだ緑の森は子どもを育てることを歓迎しています。早くもう一度結婚をして子どもを育てなくてはならないと、メスのリスの体が要求しているのでしょう。

季節はずれの、結婚したいというメスの信号にはたくさんのオスが集まります。オスの親リスにとっても子孫を残すその年最後のチャンスです。それを見るチャンスにめぐり合えるのは、わたしも数年に一度くらいです。

そこで、林の中で一番全体が見わたせる小高い場所にいすを持って出かけました。コーヒーや推理小説も1冊持ってです。これらは、いつも肩にかけるバッグの中に双眼鏡と一緒にあります。

見ると、その日は3びきのオスがメスのそばにいました。オス同士は相手がメスに近よりすぎないように、小さな争いをくり返しています。きっと朝早くからこんな状態が続いていたのだと思います。

いすに腰かけ、時々双眼鏡をのぞいては、さわがしいオスたちのプロポーズの様子をながめました。

追いかけられるのにつかれたのか、メスがカラマツの枝で目をとじてねむり始めました。時計を見ると、もう4時間も徒競走は続いています。これだけ長いと、徒競走ではなく、マラソンだと思ってしまいました。途中20分あまり、メスが巣箱の中ににげこんでオスをけちらせていますが、あとは一方的に追われていました。

つかれるのは当たり前です。

観察するわたしもつかれてしまいました。


7月の林の中は快適です。ついついわたしもメスのキタリスにつき合うような形でウトウトしてしまいました。

だれかがよんでいる……と思いました。

ねむっていたことに気がつき、ゆっくり首を回してあたりを見ました。

あのメスのリスはどこにもいません。つきまとっていたオスのリスたちも見えません。耳をすましても足音も聞こえず、近くでコエゾゼミが大声を上げているだけです。

「おかしいなあ」と、わたしはつぶやいていました。だれかによばれたと思ったことです。ゆめではないと思っていました。

その時です。足元に何かがいると気づきました。

見ると子どものリスです。耳にある白毛が見えてウーだと気づきました。

ウーは、両手の爪をわたしのズボンにひっかけるようなかっこうで半分ぶらさがっていました。爪がズボンの布の目にひっかかって、とれないらしいのです。

おどかさないように小さな声で、「ウー、どうした？」といいました。

その声で爪がはずれました。でもウーはにげる様子もなく、わたしを見上げています。

わたしは肩のバッグを引きよせ、中からクルミを取り出し、そっと足元の山用のくつひもの間に置きました。

わたしがモソモソ動く間はすぐそばのハルニレの幹のかげにいたのに、クルミを見つけるとすぐに近よってきました。

それを口にくわえ、またハルニレの木に帰っていったのです。

ポリポリ、チリチリとクルミ割りの音がします。音に合わせるように、外皮の褐色のくずがウーの口から飛んで出ます。花粉にもにて、ウーのうれしさを風に飛ばしています。

ポリポリ、カリカリ、それに花粉が風に乗るのですから、なんだか、森の音楽会にも思えました。

7　わたしとウーの文化の伝染

わたしは獣医師ですが、仕事といえば、「なるべく他人にめいわくをかけずに時々持ちこまれる仕事をする」という、よくわからない生活をしています。

時々持ちこまれる仕事の中に、ウーのような野生動物がいるということです。持ちこまれた野生動物たちの気持ちを知るということが、獣医師としての本当の仕事だと思うことがあります。その気持ちを伝えるということで、本を書くということも自分の仕事かなあと思っています。

散歩に行くうら山には、いすを二か所置いています。そこには小さなテープ

ルも置いてあります。

そのほか、２キロメートルくらいの小さな散歩ルートの中に、三か所のいい休み場所をつくりました。風でたおれた大きな木があり、そのそばに近くからいす代わりの小さな木を運びました。

いつも少し歩きすぎるとアキレス腱がいたくなるので、そこが休みの場所となりました。

散歩の時に持っていくのは、双眼鏡、文庫本、そして小さなポット。わすれないように元患者たちへのおみやげを少々です。

患者は、スズメ、カラス、トビだったこともありました。キツネ、タヌキ、クロテン、リス、シマリス、ミカドネズミの時もあります。エゾシカの時は牛乳を3リットル運んだことだってあるのです。

ここ数年は、小動物の患者ばかりで、それだとクルミかヒマワリだけでいいので楽です。

うら山の散歩は楽しい時間です。なるべくゆっくりと考えて、本を2冊持つことがあるほどでした。


ねむっているわたしを、爪をたてて起こして以来、ウーはわたしのこの散歩に時々つき合うようになりました。つき合うというより、ついて回るといったほうが正確ではないかと思うほどです。

時々おみやげだといってわたしがわたすクルミにつられて来るのだと思っていましたが、しばらくしてそれだけでないと気づきました。

遊んでいるのです。

わたしがエゾヤチネズミの巣の前にいすを置いて、ヤチネズミの干草作りの仕事をながめていた時のことです。

ヤチネズミは、巣穴の入り口付近に集めたイワガラミやツルアジサイの若葉をあちこちに広げます。好きな干しぐあいにかわかないと巣に運びこみません。どれくらいかわくといいのかわたしは知りませんから、ひたすらいすにすわってながめるだけです。

そんな時、ウーは近くのトウヒの上のほうからパチパチと爪音をたてておりてきて、わたしのすぐ上で、小枝を歯でちぎって落とします。最初は開いた本の上に落としていましたが、そのうち、わたしの頭をめがけて落としました。

わたしが見上げて、「どうした、ウー」と声をかけると、うれしそうにかけ上がっていきます。

ある時は、となりの木の枝からわたしの背中をめがけてとびつかれたことがあります。

「お……」と、わたしがおどろいたのがうれしいのか、後ろからとびつくというのはよくやられました。まちがいなくクルミがほしいのではなく、わたしに遊んでほしいのだと知りました。

ウーと一緒の散歩はその後も続きました。


ある時、ウーが友だちを連れてきているらしいと気がつきました。

その年生まれの子リスです。

最初は、わたしの読書のじゃまをするウーをだまらせるためにあたえるクルミを見たのかもしれません。うるさくわたしの周りを走り回るウーに、「ウー、少しおとなしくしていなさい」と、クルミを2、3個倒木の上に置いた時からではないかと思っています。

きっとその時は、わたしはウーのことではなく、本に夢中になっていたのだと思います。クルミを取りにきたのが、ウーなのか、他の子リスなのか、気にもしていなかったのです。

こまったことですが、これはすぐに伝染します。

わたしとウーとの関係はある意味、ひとりと1ぴきがつくりあげた文化みたいなものです。それを面白いと感じると、そう思った者がまねをします。

このまねをするというのは子どもです。大人はなかなか用心深く、遠くからながめるだけです。

ところが、子どもだとすぐにやってみせます。

わたしはよく、また伝染しているといって笑いました。

森に住むその年生まれの子リスの間に、このわたしとウーの間に生まれた「文化」みたいなものがどんどん広がっていると感じました。

散歩の同行者が2ひきではなく、3びきになったのは、ウーが友だちを連れてきた2日あとのことです。

3びきの子リスを連れた散歩は、桃太郎が犬やサル、キジと一緒に旅する物語のようで、わたしは面白く、少々の雨がふっても出かけるようにしました。

おかげで、キタリスのことがさらにわかるようになりました。

ある時気づいたのですが、わたしたちの道中を高い木の上からじっとながめている者がいました。キタリスの成獣、大人です。

もうひとつ、発見しました。

どうも、リスたちの足音を聞くと少し安心する動物がいるらしく、ヤチネズミやアカネズミなどのノネズミ、アカゲラやコゲラなどのキツツキの仲間の姿をよく見かけます。

森の中ではリスは弱い動物です。

その弱い動物が足音をたてて走り回っているのだから、きっとそこは安心していい場所だと思っているのかもしれません。

わたしが腰をおろした足元で、アカネズミがわたしの置いたクルミをぬすんでいきました。ぬすんでというのはいいすぎで、あったから持っていったというべきかもしれません。

きっと、わたしがいつも腰をおろすところには、あとで調べるとクルミの食べかすが多いとだれかが気づいたのでしょう。

そんな情報も自然の中ではすぐに広がります。わたしたち人間が考える以上に、彼らは情報を伝える方法を持っているように感じるのです。

8　キツネの養子縁組

　7月下旬。二番子とよばれる、その年2回目の結婚によって生まれた子リスが外に出て遊ぶようになると、わたしは強制的に散歩を強いられている気分になります。

　朝早くから寝室の壁をパチパチと足音高くして起こされ、書斎の窓、ベランダに通じるガラス戸、はては洗面所の窓にまで顔を出して、「遊びに行こう」とさそわれ、知らん顔をきめこむと、妻から、「そろそろ、出かけてあげないと」などと催促される始末です。なかには子どもの文化にかぶれた親リスも、わたしの散歩につき合いたいなどといってこまらせました。

でも、いろいろ学ばせてもらったと思っています。


わたしは以前、キツネでも同じ経験をしたことがあります。

やはり最初は子ギツネでした。

保護された子ギツネを自然の中に帰すという作業中の話です。

キツネの親は自分の子どもでなくても、子どもならば他者の子であっても育てるという習性があります。それでも人工的に他のキツネに育ててもらうには、ある種の儀式が必要です。それは子ギツネに、育ててもらおうとする巣穴の親のにおいをつけて、その巣の中に入れればなんとかしてくれるといった簡単なものです。生まれた時からあなたの子どもでしたというためで、においは言葉でもあります。

きたない話ですが、わたしは巣の周辺にあるふんをにおいつけに使います。

この儀式を、わたしたちは養子に出すといった表現をしました。

その時は、子ギツネがわたしの家の家族のような関係になっていたので、心配したのですが、無事に養子縁組が成立し、野生の親ギツネの子としてすくすく大きくなりました。

その後、わたしたち、というより妻が心配して、時々おみやげを持って出かけることがありました。大好きな肉や魚です。

これに大喜びするのは、わたしたちのことをわすれない元入院患者の子ギツネです。妻の声に巣の中からとび出てきました。ひと時、妻と遊んでは、名残おしそうに巣にもどっていったものです。

最初は、わたしたちも野生の子たちを心配させては悪いと、巣から30メートルくらいはなれたところで遊ぶようにしたのですが、それをじっと巣穴の前で見ていた野生の子ギツネが、何度か通ううちにだんだん近よってくるようになりました。

肉片を投げてみると、最初は用心深く近よって食べていましたが、何度目かになると元患者と一緒に巣穴から出てくるようになったのでした。

それでも親ギツネは決して心をゆるしません。いつも遠くから、グッグッという低い警戒の声を発し続けていたのでした。

次の年、わたしは養子縁組したこの子ギツネの生活をゆっくり見せてもらいました。

元患者の子ギツネはメスで、それが親となって子どもを育てたのです。40メートルくらいのところですわりこんで観察するわたしを、まるで風景の一部

を見るような態度で無視してくれました。自分たちキツネの仲間としてわたしを見てくれたのです。

キツネの時のように、この年の秋から冬、そして春までは、キタリスについてずいぶん学びました。

ウーとその仲間の若いキタリス、それに数ひきの親リスによっていろんなことを見せてもらったのです。

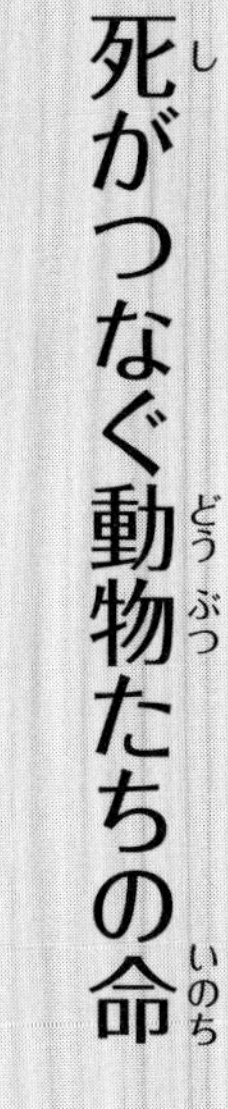

9　ひとつの死がつなぐ動物たちの命

8月、北国にも夏がきました。

新しい入院患者の退院にそなえて、栄養をつけるためにわたしたちはいそがしくなりました。退院のために新しいメニューを用意する必要があったからです。

この患者はメスのチゴハヤブサです。左の翼を脱臼して飛ぶことが少し不自由です。でも、チゴハヤブサはわたり鳥なので、退院すれば気の遠くなるような距離を飛ばなくてはなりません。越冬地は本州です。少なくとも数百キロメートルを飛んでもらわなくてはなりません。

飛ぶこと、途中でえさをとることなど、自分でできなくてはなりません。

えさは８月のその時期、セミやトンボ、小動物です。

そこでと、夫婦で急に昆虫少年、少女に変身し、虫とりアミをふって家の周りから集めます。

それを見て、ウーが面白がってついてきます。

ある時、羽の折れたセミを１ぴき、枝に置いてみました。

ウーは、おずおず近づいて、セミが動くたびに少し後ずさりし、「ウッウッ」と声を出しています。

それでも勇気をふるって、パクッとくわえて上の方の枝へ上っていきました。双眼鏡で見ると、両手でかかえて、ムシャムシャと食べています。

トンボもあげました。これも、うれしそうに食べています。

ある時、自分で見つけたカタツムリを食べるウーを見ました。

自分の食べる物の種類を少しずつふやしていたのです。

そこでと友人からもらったヤマメを、「おいしいヨ」といってあたえたのですが、見向きもしません。でも、干したイリコはくわえて枝の奥へ持っていったので食べるのかもしれません。

前にもふれましたが、ベランダのすぐそばに、シイタケのホダ木をならべているところがあります。

そこには、いろんな動物というより、退院していった患者たちがこまったら帰ってきてもいいよと考え、いろんな仕かけをしているのです。

中央部がくちて空洞となった大きな木を横にして、それに大、小の枝、その外側にシイタケのホダ木をたてかけてあります。

そこににげこんだら、簡単には発見されないという要塞となっているのです。うら山の狩人、オオタカでも、えものがそこへにげこまれてはお手あげで、さっさとあきらめました。

冬は、繁殖地からもどってくるクロテンの住宅となりますが、夏の間、多くは弱い者たちのシェルターとなってにぎわいます。

季節によって住人が変わる様子は、変化を喜ぶ子リスたちにとってはかっこうの遊び場となっていました。

夏の終わり、とりわすれたシイタケを食べるウーを見ました。おいしそうに食べていました。食べ残したものを、すぐそばのバッコヤナギの枝の根元におしつけるようにしてかくしていました。

しばらく見ていたら、30分後、それをもう少し上の枝にかくし直していまし

た。だれかに見つけられることを心配しているのでしょうか。

とりわすれたシイタケは、他の子リスや親リスにも人気で、入れかわりやってきては、あちこちにかくしています。

9月の秋になって、シロシメジやナメコもキタリスの好物だと知りました。

ある夕べ、ウーが白い木の枝をくわえて、ホダ木の間からわたしを見ているのに目が合いました。

ウーは「見つかったかー」といいたげに、ちょっとこまった顔で立ちすくみ、あわててホダ木の中に消えました。

1分もしないで出てきましたが、もう何もくわえていませんでした。

あれは何だったのだろうと気になって、次の日はベランダに本を持ち出し、コーヒーも持参で、ウーのなぞの宝物を見ようと計画したのです。

そんな日にかぎって、ウーはなかなかやってこなくて、遊びに来たのは昼近くでした。

わたしの読書を少しじゃましましたが、それにもあきて、ホダ木の間にもぐりこみました。

そして、あの白い木片をくわえて出てきました。

その時になって、それが木片でなく骨であると気づいたのです。シカの肋骨の一部でした。

ウーは、それをどこかにうつそうとしていました。わたしに見つかったと思ったのでしょうか。

1メートルくらいはなれたホダ木のすきまに持ちこんで、そのまま2分くらい姿を見せませんでしたが、出てきた時には骨を持っていませんでした。

ウーは、自分の宝物を手に入れたようです。

これはきっと親リスのまねから始まったものだと思っています。

親リス、特にメスは、４月に入るとほとんどが子どもを生んでいます。子どもの成長にはカルシウムは欠かせません。親リスの母乳の中には、たくさんのカルシウムがふくまれています。このカルシウムは、親リスが自分の体の骨からもとっていますが、それでは足りません。

そこで外から、つまり他の動物の骨から補給する必要があります。

林の中ではたくさん子どもが生まれているはずです。その子どものために、動物の死体は大切なカルシウム源となります。そのためか動物の死体だけではなく骨も残っていることはめったにありません。

わたしの家のうら山は、ドイツトウヒという針葉樹の林が深く、風や、雪、それに人間からかくれるのに十分な場所であるためか、他のところよりずっと多くの生き物にわたしはよく出会います。

それは猟師にとってもいい狩場ということでもあるらしく、毎年、1頭かそれ以上の死体を見ます。

猟師にうたれてすぐに死なず、にげて林の奥へ行き、安心して死んだにちがいありません。

それをキツネが食べ、タヌキが食べ、クロテンも食べて小さくなり、最後はイイズナやノネズミが食べているはずです。カラス、オジロワシ、カケス、シジュウカラなどにとってもごちそうになっています。

肉をリスが食べたかどうか知りませんが、食べ残した毛は、鳥やリスにとっては最高の巣材で、ひとつの動物の死は、多くの動物たちの生命の源となってうつっていくのです。最後の骨は、リスや、ノネズミの子どもたちの体へうつっていっているのです。

子リスは、親が食べるのをまねて骨を食べ始めたのでしょう。親リスが木の割れ目やまきついたツル性の植物のすき間に、動かないようにさしこんだ骨を食べるのを見て自分も食べ始めるのです。そして、その時からその骨を自分のものとして勝手にかくすのです。

つまり、自分の宝物としたのです。

10 人のこわさを教える知らん顔作戦（さくせん）

林の中はヤマグワの木が多くあります。
ある朝、その木の下を通っていたら、ポトリと実（み）が落（お）ちてきました。見上げるとウーが下をのぞきこんでいます。
「ウー、おはよう」といったら、返事（へんじ）にヤマグワの実（み）を落（お）としてきました。その赤紫（あかむらさき）の実（み）を口に入れたらすっぱかった。
「すっぱい、まだ」といったらうれしそうで、10メートルくらいのところにある、もう一本のヤマグワの木に移動（いどう）するのが見えました。

そこでついて行くと、ちょうど木の真下にさしかかった時、頭にポンと実が落ちてきました。まだ少しかたく青いものでした。

「いたいヨ」と見上げると、ウーはうれしそうに一番高いところまでかけ上がり、またひとつ落としました。まちがいなくわたしに当たるように落としていたのです。

ウーは遊びたいといっているのでした。

わたしは大げさに両手で頭をおおい、いたいイタイといいながらにげたのです。

ウーはしばらくは追ってきましたが、落とすものがないのでこまったようです。葉のついた小枝を落としましたが、わたしには当たらず、風で遠くはずれました。

ウーは、わたしを友だちだと思っていると、その時はっきりと知りました。

でもそれはこまるとわたしは考えていました。

人間は少しこまった生き物です。人と仲よくしていると、ある日突然石を投げる人に出会ったりします。人はみんな同じではないのです。人によっては鉄砲を持ち出し、うつことだってやれるのです。わたしたちは入院患者に、人間をあまり信用してはいけないということを教えることも大事な仕事になっています。

しかし、もともと人間をおそろしい生き物と見る動物には、わたしたちの治療はほとんど効果がありません。人間がこわいというばかりのストレスのほうが強くて、治療してもいい結果が得られないことが多いのです。

そのためにやさしく、そっとと考えるのですが、ウーみたいな人間好きに育っては反対にこまってしまいます。

そこで、わたしたちはしばらくの間、「ウー知らん顔作戦」なるものを考えました。

なるべくウーに向かって声をかけない作戦です。

「愛の声かけ運動」というのがありましたが、あれの逆バージョンです。そして時々小さないじわるもしなくてはいけません。突然、ウーのいる木の幹を足でけとばしたり、持った小枝をふり回したりして、遠くで見ている人がいたら、あの先生は近ごろ頭がおかしいと思われることをやりました。本当は友だちでいたいのですが、これは悲しい作業です。しかし、人間は得体の知れない生き物であることを教えなくてはならないとわたしは思っているのです。

わたしは小さな畑を持っています。畑とよぶにははずかしいような小さな面積です。

かき根用にと、友人の鬼塚さんがある年、庭にあったといって、ハスカップの苗を持ってきました。「さし木にすればどんどんふえます」といったので、そのとおりにして、今では20本ほどになっています。

ハスカップのかき根ができて畑らしくなり、ブラックベリー、ラズベリーとふえて、ついでにとリンゴの木も植えました。お百姓さんになった気分です。

わたしは土いじりが好きなのです。小さいころは大きらいだったのに、不思議だと思います。

畑の北側には家を囲んでいるのと同じ、続きの林があります。

わたしが、小さな小さな畑で作業しているのが楽しく見えたのかもしれません。時々、リスが見にきて、樹上で遊んでいるのが見えました。

どうやらその中にウーがいたらしいのです。

北国の夏は収穫期です。

妻がハスカップやベリーのたぐいの実を、わたしは野菜をとって帰ります。すずしい時間に作業をするので、家に帰るのはいつも午前8時すぎ。

ある時、その時間を覚えて待っているリスがいることに気づきました。ウーです。

ベランダの机の上で待っています。

わたしたちがザルに入れた収穫物を置くと、決まってやってきて、ザルの中を検査しています。

鼻をつきこみ、両手でかきわけて、さがし物をしているような仕草です。食糧検査事務所の検査官きどりです。

「何かおいしいものがあったかネ」などと声をかけると、その日は特に念入りに調べています。

つかれをとるためにコーヒーを飲み、新聞を広げ、朝食はここでと始めると、ウーは一緒の時間がすごせると大喜びです。

そのうち、彼の知り合い、友人、恋人？かどうかはわからないが、何びきかが参加し、しばらくベランダ周辺の木々の間で遊んでいきました。

このベランダには、小さな庭が続いています。

庭に、友人が運んできた大きなタモの木の丸太をいす代わりにならべたのですが、ウーはそういう小さな変化も大好きです。

11 自然の中の命の移動

10月、秋が始まっていたある日のことです。ちょっとした事件がありました。

夏の初め、わたしは山用のくつの片方をだれかにぬすまれました。遊び半分にくわえて、だれかが林へかくしたのだと思います。犯人はタヌキかキツネに決まっているとわたしはにらんでいました。

それが出てきたのです。友人がそろそろシメジが出ているころだといって出かけ、シメジの代わりにその片方の山ぐつをザルに入れて帰ってきたのでした。

わたしたちは、犯人であろうタヌキやキツネの悪口をならべて、山ぐつを洗い、干しました。干したのは、いす代わりにならべたタモの木の上です。

ところが、リスたちがその山ぐつに興味を示したのです。においだと思います。

最初、そういう冒険をやるのはウーと決まっていました。入院患者であったためか、わたしの持ち物にあまり警戒心を持ちません。これもこまったことですが……。

においをクンクンかいでいました。くつの中ものぞきこみ、頭を入れます。すっぽり体全体を入れることもあります。

これを何度も何度もするのです。

ウーがあきると、次は他のリスです。子リスのこともありますが、親リスもわたしの目の前で点検に熱中していました。

あまりかぐことのできない動物の体臭を記憶しようとしているように見えま

す。人間がいるのでタヌキもキツネも出てこないだろうという安心感のなかでの勉強会といったところです。

それにしても、子リスたちが思った以上に勉強していることを知りました。ひとりで生きていくための知恵を、みんなで学び合っているのでした。リスも小学校、中学校、高校のように、さまざまな場所で段階をふみながら学んでいるのだと知りました。

うら山のハウチワカエデやヤマウルシの葉が赤くなると、秋はかけ足でやってきます。

ウーもすっかり成獣となり、体の大きさで6月生まれの子とすぐに区別がつきます。

たびたび知らん顔作戦も続けたので、わたしたちの心配ごとであった人間大好きリスから少し用心深いリスに変身して、心配ごとが少なくなった代わりに、時々さびしいと思うようになりました。

たまには会いたいと、ベランダに推理小説を持ち出した日も、会わずに終わることが多くなりました。

うら山には大きなクリの木が何本もあります。ミズナラ、カシワだけの林もあります。それ以上にウーが大好きなクルミの木がいたるところにあるのですから、食堂の中に住んでいるようなものです。林の中でかかえきれないほどのクルミを持ったウーに出会ったことがあります。いつもだと、10分は近くで遊んでいくのにその時はあっという間に林の中に消えました。

長い冬にそなえて、あちこちにクルミをうめるのに、それどころではなかったのでしょう。

退院していった診療所なんぞに里帰りするひまがないほどいそがしいはずで

す。

さびしくはありますが、顔を見ないのはいいことだと思うようにしていました。

11月、カラマツの葉が黄色くなって、小春日にはサラサラと粉雪のように、かれ葉が頭や肩に落ちてきます。

少しいそがしい日が続いたので、うら山の散歩を休んでいました。今日は天気もいいのでと、コーヒーをポットに、小さなカメラと少々のおみやげをバッグに入れて出かけました。

ウーが紹介？してくれた子リスもすっかり成獣の顔となって、林の中に置いたいすに腰をおろすと、近くによってきます。

1羽のヤマガラが友だちのような気分で頭に止まったり、バッグに乗ったりして休んでいます。

秋の初めのころは、あまりにもなれなれしくするこの鳥にウーがおこって、何度も追いかけていましたが、今日はウーの姿も見えないために、わたしが歩き始めてもバッグに乗ったままで、飛び立ちません。

「ウーが知ったらおこるヨ」とわたしはいって聞かせました。でもその日、とうとうウーはどこにも現れませんでした。わたしが置いたいすの付近にも、そして決まって腰かける倒木の上にも出てきません。

2時間、わたしはゆっくり歩いたのにウーに会うことができませんでした。ひょっとするとうら山から出たのかもしれないと思いました。

うら山は5ヘクタールありますが、リスにとっては広い面積ではありません。それでもゆるやかな「なわばり」みたいなものを持つキタリスの性格から、そんなに遠くまで出てはいないと思っていました。

でも、直線にすると、３キロメートルほどのところに毎年巣をかまえるオオタカがいる森まで遠出をしたのなら、ひょっとするとわかりません。殺されたかもしれないと想像してしまうのです。

10年ほど前、オオタカの巣の下で、その子育ての様子を観察したことがあります。おどろいたことに、モモンガや巣から出始めたくらいの子リスを運んできました。一度は大人のリスも持ってきたことがあるので、そんな想像をしてしまったのです。

林は自然の中でくりひろげられる命の移動のいい勉強の場になります。

わたしたちは長年、見て見ぬふりのできない人たちの手伝いをしてきました。

自然の中では死は生の数だけあるのだから、きずついたり死にそうなものを見ても、自然のひとつの姿であるから、そのままにしておくようにといわれてきました。知らん顔で通りすぎなさいというのです。

宮沢賢治の作品に「雨ニモマケズ」というのがあります。その後半に

東ニ病気ノコドモアレバ行ツテ看病シテヤリ
西ニツカレタ母アレバ行ツテソノ稲ノ束ヲ負ヒ

……と続きます。なんとお人よしの人たちでしょう。

でも、この人たちのような気持ちを持った子どもや、年をとった人など、お人よしの人たちは、今でもたくさんいるのです。

わたしは、そんな見て見ぬふりのできないお人よしの仲間に、獣医師である自分がいようと決めています。

その自分の仕事をふり返った時、あることに気づきました。

入院患者は一日も早く退院してもらわなくてはこまります。わたしたちが貧

乏になるか、犯罪者になってしまうからです。入院患者は、治療代、食費、シーツ代、なにひとつはらいません。

患者はお金を一銭も持っていません。連れてきた人がはらうべきなのですが、はらえばおかしなことになります。野生動物を飼ってはいけませんと法律で決めているのですから、はらえば個人が勝手に飼っているということになるのです。法律違反です。

そこでお人よし獣医としては、入院患者には、一日でも、一時間でも早く出ていってくれとなるのです。わたしたちが貧乏になるからです。

でも退院したその日に食べる物が見つからなかったら死んでしまいます。そこで入院食は自然の中にあるもの、いるものと決めています。

栄養的にはドッグフードや、キャットフードはよくできた入院食といえますが、自然の中では手に入れることができません。ないのです。自然の中にペットショップはありません。

そこで自然の中にある食べ物をさがすのです。

昆虫食の動物が入院すれば、わたしたちはその日から虫とりアミを持ったり、ピンセットをにぎったりして、野原をかけめぐるのです。虫をさがして……。

魚を食べるものが来れば、その日から漁師に早変わりです。

そして入院患者にあたえます。患者の命を助けるためです。

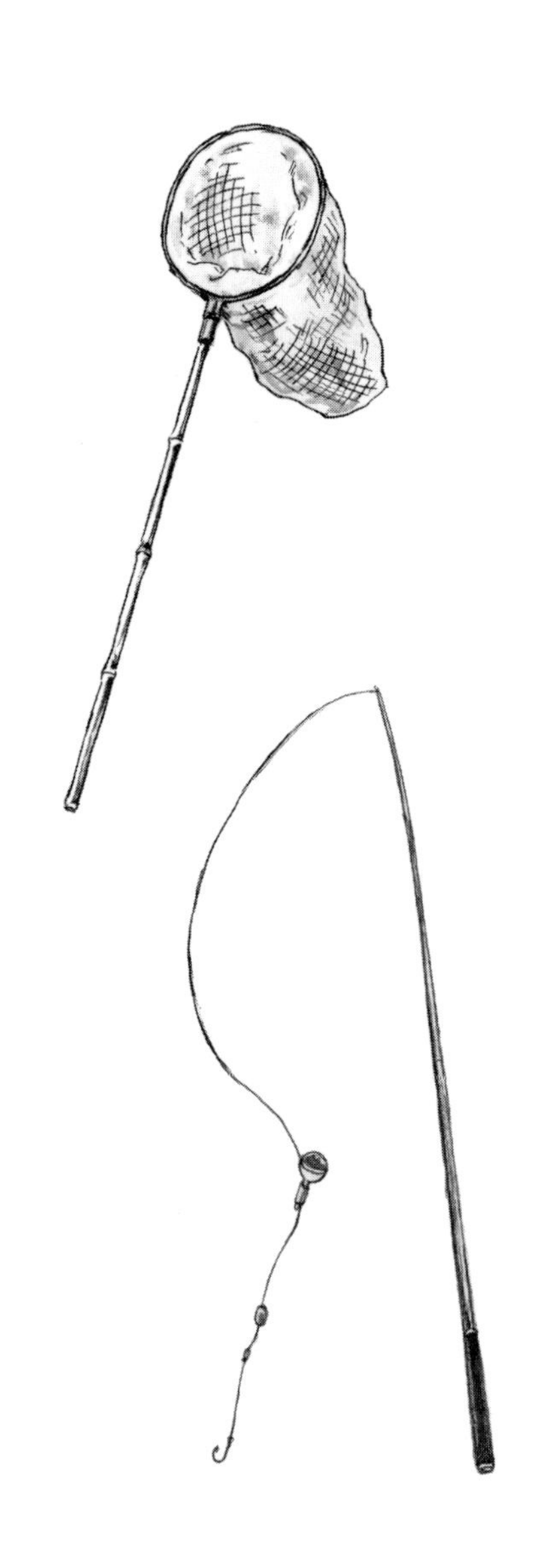

でも、よくよく考えると昆虫にも魚にも命があります。お人よし獣医は、「命を助ける」といってそこにある他の命を患者にあたえているにすぎません。わたしたちは単に命をうつして、いいことをしていると思おうとしているだけでないかと気づいたのです。

助けるというのはどうやらそういうことらしいと知りました。うつっていく命にお礼をいわなくてはならないと考えるようになりました。

だからもしウーがオオタカにとられたのなら、ウーの命がオオタカのヒナの命にうつったと考えようと思うことにしたのです。

12 キタリスの結婚式

雪が何度かふってはとけて、ふり積もった状態が続く根雪となりました。
庭の給餌台にお客さんがふえてきましたが、その後も、ウーはやはり来ません。
うら山に毎年、3〜4ひきのメスのキタリスの姿を見ます。リスは年に1、2回子どもを生み育て、子どもの数は1回に4ひきくらいですが、このうら山を観察していると、毎年12〜20ぴき以上の子どもが巣立っています。
ところが、わたしの散歩道のうら山では、ここ7年、リスの数はほとんど変わりません。ということは毎年、この小さな林で12〜20ぴきのキタリスが死んでいるということになります。

自然の中では生の数だけ死が存在します。

そう考えてウーのことはあまり気にしないことにしました。


正月がすぎて2月になりました。

クロテンがいつものように山から下りてきて、ベランダのそばのシイタケのホダ木の下を自分の居場所と決めました。

やってくるキタリスたちと時々ニアミスを起こし大さわぎをしますが、それもいつものことで、それ以上の事件にはなりません。キタリスを巧妙に狩るクロテンの話をよく聞きますが、わたしは一度も彼らの狩りの成功を見ていません。

2月が終わるころ、毎年の行事の始まりをつげるかのように、姿を見せるキタリスたちの数がふえてきました。

うら山を歩くと、彼らの足あとの多さでそれがわかります。時々はげしい追いかけっこをしているのを見ると、その日が近いと感じます。

その日とは、彼らの結婚式のことです。

キタリスの発情期は、ほとんど2月の下旬に始まるのです。

この季節、彼らの活動時間は早朝5時前から、9時ごろまでです。起きている時間はわずかです。早起き早寝の優等生です。

ところが昼すぎになっても走っているキタリスを見つけると、「おー、始まったな」とわたしはつぶやいてしまいます。

彼らは育児に必要な食べ物がそろっていて、十分にある時期に子どもを育てます。それは5月から8月までです。自分の子孫をたくさん残すというのが生き物としての仕事です。うまくいけば、2回子どもを育てることができるのです。赤ちゃんが生まれ、巣の外に出て、最初に自分で食べるものはやわらかい木の新芽です。時期がおそくなると、かたい葉になります。赤ちゃんを生むのがおくれたなどの理由は、自然の中ではまったく通じません。自然はどんどん進んでいくのです。

ですから、みんな真剣になります。

1ぴきのメスに、2~4ひきのオスが結婚の申しこみをします。申しこんだだけではだめで、その返事をもらわなくてはなりません。だからいつもその返事の聞こえる近さのところにいなければならないのです。

申しこんだオスはみんな、自分のライバルです。他のオスがメスに近づきすぎないようにいつも見はりをしています。追っぱらうためには体力が必要です。

運動会でリレーの代表選手になれるように、秋から冬の間、よく食べてよく

寝る、という優等生のような生活をしていたのかもしれないと思うことがあります。

2月のこの時期、オスたちは、ほとんどゆっくりねむることはないと思います。

リスは何か所も家を持っています。

この時期、メスはそれをうまく使って、あちこちと泊まり歩きます。オスたちは、一緒にその家で休むことをゆるされないので、近くの空き家を使います。

でも、都合よくそんな近くに使っていない家はありませんから、もう大変です。自分の寝場所におそく帰って、朝は反対に早く起きて、前の日の夜にメスが家と決めた巣まで出かけなくてはなりません。寝すぎて到着がおくれると、そのメスの家の近くには別のオスがいることになります。

もう大変です。これは観察するわたしの場合もです。キタリスの結婚式を見るということは、わたしもキタリスのように体力をつけておかねばならないからです。

オスの追尾――メスのあとを追いかける行動をこう表現します――は最少でも4日間続きます。

なかには6日間も続いた者もあります。

追尾は交尾で終わります。

発情期は、ほとんどの個体で同じころに始まり、同じころに終わります。

そのために、オスが遠くからかけつけることはまずありません。ごくまれに、3キロメートルはなれた沢の向こうの山から来たオスを見たことがあります。

おむこさん募集の広告は、メスのにおいだと考えられています。

キタリスの親類みたいな生き物にシマリスという動物がいます。彼らは「恋歌」といわれる歌を持っています。冬眠が終わる4月下旬より少し早く目覚めたオスが巣から出て、メスの巣穴近くでその歌をうたっています。

ホッホッともフュッフュッとも聞こえますが、聞こえます。

ところがキタリスにはそんな歌も声も持っていないようです。

そんな声が流れるとキタリスの結婚の儀式が始まるという話を、わたしは聞いたことがありません。

キタリスはもっと古典的?な方法で、においという化学物質的な道具を使っているのだと思います。

うまく風に乗って、3キロメートルはなれた場所にいたオスにまでにおいによる広告がとどいたのだと思います。

13 ウーとの再会

その年、めずらしいことが起きました。

理由はわかりませんが、1ぴきのメスの発情がおそかったのです。うら山の結婚式のためのドタバタ大騒動が終わって20日もたったころ、突然また始まったのです。何事かとわたしも双眼鏡を持ち出し追ってみました。

多くのメスがほとんど妊娠しているために、「わたしは結婚しません!!」と宣言している中で1ぴきだけ、「わたしは結婚したい」と広告を出したのですから林は大さわぎです。

周りからどんどんオスが集まり、あまりの多さに当のメスがびっくりして、車庫の中ににげこんだり、わたしの小さな診療所にかくれたりしました。

その間、オスたちはそのメスをさがして、車庫、ついでに倉庫など、かくれそうなところを探索していました。

わが家の壁を運動場代わりに使う者もいました。

騒動が始まって2日目、つかれたわたしはベランダのいすに腰かけてコーヒーを飲もうとしていました。

大さわぎは、20メートルもはなれたカラマツの木でやっています。集まったオスの数は7ひきです。モテモテのメスといったところです。

ところが妙なことに気がつきました。

その集まった花むこ候補の中の1ぴきが、わたしをめがけて雪の上を走ろうとしたのですが、途中で立ち止まり、「こんなことはしていられない」とばかりに集団の中に帰っていったのです。

おかしな行動をとるリスだと思いました。

たとえ数分間でもそこからはなれることが、おかしな動きなのです。

そこは戦場です。リスたちにとっては自分の子孫を残すための戦いの場です。

そこをたとえ一瞬であってもはなれるということは考えられないことです。双眼鏡をのぞきながら、「ドジなオスもいるもんだ」とつぶやいていました。

ところがまた、出てきたのです。

「戦線離脱」をするオスが……。わたしのほうへ走ってきます。

気づきました。

わたしは無意識に腰をうかしていました。

ウーです。ウーにちがいありません。

わたしが小さな声で「ウー」というのが相手に聞こえたのでしょう。深い雪

をけってベランダをめざして走ってきます。

テラスに両手をかけて、ちょっと立ち止まりました。

「ウー」というわたしの声に、耳をほんの少し動かしてじっと見ています。ずいぶん変わってしまって、見た目には他のオスとは区別がつきません。でもゆっくり近づき、両手をわたしのズボンに押しつける仕草は昔と少しも変わっていません。

待ちなさい、とわたしはつぶやき、ゆっくり体を動かし、クルミの実の入ったバッグを引きよせていたのです。

彼はクルミを受けとり、また結婚式場めがけて雪の上をかけていきました。途中クルミを雪の中にうめていました。

式場は、ウーが離脱した場所より70メートルあまりはなれたドイツトウヒの大木にうつっていました。

わたしも双眼鏡を片手にあとを追ったのですが、もうその時は別の木へうつったあとでした。

わたしは追うことをあきらめました。雪がまだ深く、あわてて出てきたために、スノーシューを持ってこなかったわたしの体力では無理でした。

しかし、ウーが生きていたことがうれしかった反面、あの大勢のライバルの中では自分の子どもを残すという大事な作業がうまく終わったとは考えられませんでした。まして、いくらなつかしいからといって、戦線離脱をするなんてまちがっていると、今度会ったらいい聞かせようと決めました。

「あれはよくない」と思い出しては、思わず声になってわたしの口から飛び出していました。

結局、結婚式の大さわぎが次の日も続いたのかわかりませんでした。近くを歩いても森はひっそりとしていたのです。

ウーに再会してから3日たっていました。

給餌台を見て、妻が新人がいるといって台所に消えました。

窓からのぞくと、後ろ姿でキタリスのオスであるとわかりました。

ベランダへ出る戸に向かうと、ガラス戸の外で待っていました。後ろあしで立って部屋の中をのぞきこんでいるのです。どうやらわたしの足音を聞いていたようです。

見ると、顔面に三か所、大きなきずがありました。それが妻が新人といった理由でした。

ウーでした。

「ウー、どうした、その顔は」という言葉に、妻も飛んできて、「どうしたの……」と会話に参加したのです。

ウーのきずはかなり大きなものでしたが、深くはありませんでした。投薬の必要もなさそうなので安心しました。

相当な戦いになったのだろうと想像しました。同時に、そのきずの代わりにちゃんとおよめさんを手に入れたことを願っていました。

負けたのかもしれないという思いと同時に、これだけのきずをつけるくらいだから、きっとうまくいったにちがいないと勝手に思うことにしたのです。

クルミを食べ、リンゴももらって30分立ちよっただけで、ウーは帰っていきました。

それきりでした。

わたしは、ウーが住んでいる林はそんなに遠いところではないと確信していました。きっとむこどの募集のにおいがとどく距離であると。

そのうち、子どもを連れて里帰りしてくれないかなあ……などとありえないことを夢見ているのでした。

あれから3年、ウーにはまだ会っていません。野生のキタリスの寿命は3～4年ほどなので、生きていても会えるなどということは、そんなにチャンスは残っていないと思います。わたしは、今まで以上に森に出かけています。散歩の範囲を少しずつ広げていました。

ひょっとすると、ひょっとすると……と思ってしまいます。

あとがき～森のお医者さんとして～

ウーと一緒によく遊んだ、ベランダの小さなテーブルといす。そこに置くようになって、今年で12年になります。もう風景の一部になっています。そこにポツンとすわるわたしも、どこにでもある風景ということになっています。まあ、自然の一部ということです。

タヌキが近くを通り、シカの若者が若葉をむしる。わたしがカメラのシャッターを切らないかぎり知らん顔で、なかにはシャッター音にも反応せずにいる生き物もいます。

昔、動物たちと仲よくなりたくて、人間の気配を消すことに一生懸命になったことがあります。息を止めたり、視線をそらしたり、時には死んだふりをしたりしてみました。どれもうまくいきませんでした。

きっと自分の気持ちの小さな動きが体の中の機能を総動員し、情報として放出していたのだと気づきました。興奮の指標のひとつ、アドレナリンなどが血中にあふれ出て、それが肺から呼気として外に噴出、「みなさん、わたしは今興奮しています」と宣伝していたのかもしれません。周りの生き物に「用心をしましょう」といっているようなものです。

75歳になった年の冬。後期高齢者といわれる年齢になった年のことです。その年の冬はめずらしくクロテンが休みの年でした。休みという表現は変ですが、理由もなくベランダのそばのシイタケのホダ木群の中にクロテンが姿を見せなかったのです。

ホダ木群の常連客として13年前から毎年やってきて、冬中そこを住み家としていて、仲よくなっていました。

ところがその年は、2月になってもやってきません。おそい年でも2月の初めにはやってきます。でもその年は休みでした。

わたしは少しさびしい日々でしたが、喜んだ生き物たちがいます。

ノネズミたちです。秋の日々は、冬支度にいそがしい彼らを見るのが楽しくて、小春の日は終日、ベランダで風景の一部となって過ごすのですが、クロテンが足あとを残したその日から、彼らとの日々は終わりを告げます。どこかに避難してしまうのです。ところが、その年はちがいました。

毎日のようにノネズミが雪の中から顔を出して、わたしをじっとながめる目と出合います。雪どけのころは、うら山から帰るわたしの足音を聞いて、わざわざホダ木の下から、草のかげからすがたを見せるのでした。

そうした日が続いて、不思議な気持ちにさせられました。なんだか、自分が人間ではないのかもしれないなどと、バカな考えにとらわれるのです。

それは、ネズミが出てくる日は、シジュウカラやヒガラ、アカゲラなどのうら山の小鳥たちもいつもよりずっと平気でわたしのすぐそばまで近よるような気がするからです。

キタリスも、そしてイイズナ、タヌキまで、いつもよりずっと出会うような気がするのです。どうやら、一番弱いノネズミが安心するような場所には、他の動物も安心しているらしいことを知りました。

　そこで、弱い小さな生き物と友だちになることにしました。うら山を歩く時は、ゆっくり進む。足をふみ出す時は、そっと地面につける。通りすぎる木々の枝、草々もやさしくかき分けて進むということを心がけました。

　考えてみたら、これは老人の動作です。わたしは老人になって初めて野生の生き物たちと友だちになれる資格をもらったと気づいたのです。

　老人になることで、人の気配がわたしの中から消えたのかもしれません。気配の消えた獣医師、それも悪くはないと思っています。こんな獣医師だから、ウーともあれだけ仲よくなれたと思うのです。だから、これからもそれを満喫しようと考えています。

竹田津 実

PHP 心のノンフィクション　発刊のことば

夢や理想に向かってひたむきに努力し大きな成果をつかんだ人々、逆境を乗り越え新しい道を切りひらいた人々……。自然の神秘や生き物の不思議……。その道程や姿を、事実に基づき生き生きと描く「PHP心のノンフィクション」。若い皆さんに、感動とともに生きるヒントや未来への希望をお届けいたします。

文・写真　竹田津 実（たけたづ・みのる）

1937年生まれ。獣医師・写真家・随筆家。野生動物にあこがれて、'63年から北海道で家畜診療所の獣医師として勤務。'72年より傷ついた野生動物の保護や治療を始める。'91年に退職し、野生動物の生態調査や執筆活動に励み、2004年に森の診療所を開業。主な著書に「子ぎつねヘレン」として映画化された『子ぎつねヘレンがのこしたもの』（偕成社）、『オホーツクの十二か月』（福音館書店）、『恋文　ぼくときつねの物語』（アリス館）など多数。

絵　瀬川 尚志（せがわ・しょうし）

1969年、東京都生まれ。武蔵野美術大学卒業後、本の装幀デザイン事務所に就職。'98年に退社後、パリに留学。ヴェリエール絵画フェスティバル大賞など受賞。帰国後、フリーのイラストレーターとして独立。書籍や雑誌、教科書の挿絵のほか、表紙、広告、webなど幅広く手がける。主な書籍の挿絵に『吉田昌郎と福島フィフティ』『知里幸恵物語』（以上、PHP研究所）、連載の挿絵に「小説現代『煤煙』」（講談社）など。

キタリス・ウーと森のお医者さん

2018年11月15日　第1版第1刷発行

文・写真　竹田津実
絵　瀬川尚志
発行者　後藤淳一
発行所　株式会社PHP研究所
東京本部　〒135-8137　江東区豊洲5-6-52
児童書出版部　☎03-3520-9635（編集）
普及部　☎03-3520-9630（販売）
京都本部　〒601-8411　京都市南区西九条北ノ内町11
PHP INTERFACE　https://www.php.co.jp/

印刷所
製本所　図書印刷株式会社

ISBN978-4-569-78811-1

NDC916　143P　22cm